新手也能烤出的專屬美味！

輕軟Q潤
戚風蛋糕&蛋糕捲

chiffon cake & chiffon roll

石橋香

前　言

　　戚風蛋糕是我最先接觸到的點心。

　　那時戚風蛋糕才剛引進日本，我完全被這種市面罕見的蛋糕所吸引，心中想著：「到底該怎樣才能做出完美可口的戚風蛋糕呢？」不斷地鑽研戚風蛋糕的製作方法，最後終於出版了一本戚風蛋糕食譜。

　　當時主流的戚風蛋糕，大多承襲了發源地美國的製作方法，使用大量的蛋白，烘烤出輕盈細緻的蛋糕。我一點一點地修改食譜中的材料比例，下功夫研究新口味，熱衷於製作出各種不同變化的戚風蛋糕。

　　從開始接觸、研究戚風蛋糕至今已經十多年了，戚風蛋糕早已成為人人熟知的定番蛋糕之一，某天我恰巧聽到了這樣的聲音：「製作戚風蛋糕用剩的蛋黃實在有點浪費，沒辦法全部用完，真是令人困擾。」受到這個聲音的啟發，這次我決定挑戰新配方，幫助大家把雞蛋用光光！製作出更柔軟、口味溫醇深邃的戚風蛋糕。

在已知的戚風食譜中，加入一些香甜濃郁的滋味，就能重新感受到戚風蛋糕的美味以及綿軟溼潤的獨特口感。

除了戚風蛋糕的愛好者，過去認為戚風只是蛋糕中的小品，不足為奇的讀者，我都相當推薦您看看這本書。

另外，本書不但介紹經典外型的戚風蛋糕，還會教各位如何烤出片狀的戚風蛋糕，並於當中夾入鮮奶油等食材，做成戚風蛋糕捲。溼潤綿密的戚風蛋糕體非常好捲，和鮮奶油搭配度極佳，非常適合製作蛋糕捲。口感入口即化，推薦您親自製作，品嚐其中的美好滋味。

石橋香

Contents

❖ 一大匙為15㎖，一小匙為5㎖，一杯為200㎖。

❖ 微波爐的加熱時間為瓦數600W產品的時間長度
（若為瓦數500W產品，所需時間為標示的1.2倍）。

❖ 烤箱的加熱溫度與時間僅為參考標準，敬請配合手邊
的烤箱自行調整。

chapter
1
基本戚風蛋糕

首先，一起來學習如何烤出最基本的香草風味戚風蛋糕吧！
之後再進一步挑戰各種口味的戚風蛋糕、蛋糕捲，變化出更豐富的樂趣。

戚風蛋糕使用烤模

❖ 戚風蛋糕的烤模分成兩個部份，中空的邊框和圓筒狀的底部可以從烤模中取下。也可讓柔軟、易下沈的戚風麵糊均勻受熱。

❖ 本書同時收錄17cm與20cm烤模的食譜（每道食譜的照片都是17cm烤模的成品）。兩者雖然直徑僅有3cm的差異，但容量卻幾乎差了2倍。此外，烘烤過程中，蛋糕有時會膨脹至超出圓筒的高度，因此製作時請依照家中烤箱的尺寸，選擇適當大小的烤模。

❖ 市面上有販賣氟加工的不沾烤模，但製作戚風蛋糕時，必須讓麵糊確實緊貼烤模，才能使麵糊慢慢膨脹成蛋糕。因此務必選用鋁製或不銹鋼製品。

17cm　　　　　　20cm

使用器具

只要手邊有常見的蛋糕製作器具，就能做戚風蛋糕。
器具混入水、油，會造成蛋白霜不易打發，
因此請務必仔細清洗鋼盆等器具，再行使用。

量杯・量匙

1杯為200mℓ，1大匙為15mℓ，1小匙為5mℓ。可選用耐熱玻璃量杯，方便微波爐加熱。用量匙舀粉類材料時，務必刮平匙勺。

秤子

為了讓測量結果更精準，建議使用電子秤。測量時，務必把秤子放在平整的地方。

調理盆

直徑26cm（右）、22cm（左）的鋼盆較好操作。建議選耐用的不銹鋼盆。若有可直接微波加熱的玻璃盆更方便。打發蛋白霜適用左圖的深型鋼盆。

篩網

用來過篩粉類及麵糊的工具。

打蛋器

選擇比調理盆直徑長1.2～1.5倍、鋼圈牢固的打蛋器，操作起來比較輕鬆。

電動攪拌器

盡量選擇可調節3種以上速度的產品。攪拌棒越小，力量越弱，所需的打發時間也就越長。

刮刀

用來混合拌勻麵糊、把麵糊從調理盆中完全刮下來…等等。選擇耐熱的矽膠製品，會更方便。

脫模刀

戚風蛋糕脫模時的必備道具。刃長18cm左右的產品最為好用。也可直接購買戚風專用脫模刀。

烤箱

使用一般的插電烤箱或是微波爐烤箱時，很容易出現上色不均勻的現象，因此烘烤時可在中途把烤模迴轉半圈。

戚風蛋糕製作方法

開始動手製作前，先把製作流程牢牢地記在腦海中吧！
一定要事先量好所有的材料，才能從頭到尾連貫順暢地製作蛋糕喔！

❖ 材料與烘烤時間

材料	17cm烤模	20cm型
蛋黃麵糊		
蛋黃（L）	3顆份	6顆份
砂糖	20g	40g
沙拉油	30㎖（2大匙）	60㎖
水	40㎖	80㎖
香草油	2～3滴	3～4滴
低筋麵粉	75g	150g
蛋白霜		
蛋白（L）	3顆份	6顆份
砂糖	50g	100g
烘烤時間（180度）	35分	45分

❖ 製作流程

1. 製作蛋黃麵糊
↓
2. 製作蛋白霜
↓
3. 混合1與2
↓
4. 倒入烤模中烘焙
↓
5. 脫模

使用材料

以下6種是必備的基本材料。

雞蛋（L尺寸）

為了避免蛋糕扁塌，務必先冷藏備用。蛋白打發而成的「蛋白霜」，是蛋糕呈現輕盈柔軟質感的主要功臣。本書一律使用L尺寸（64～70g）的雞蛋。

低筋麵粉

製作蛋糕時最常使用的麵粉。開封後要密封保存，並且盡早用完。如想烤出更輕盈的口感，可選用麥麩（gluten）含量較少的特選低筋麵粉。

砂糖（上白糖）

日本常見的上白糖比細砂糖更易融化，因此多使用上白糖。想要增添風味時，也可使用蔗糖、日本三溫糖（類似黃砂糖）。

沙拉油

沙拉油可讓口感滑順。使用一般料理用的沙拉油即可。

水

在麵糊中加水，可以讓蛋糕更溼潤。也經常用牛奶、水果泥等其他液體來取代水，增添風味。

香草油

有獨特香氣的香料，用來消除蛋腥味。最好選用耐熱的香草油，或用香草精代替。

基本製作方法

（照片利用 17cm 烤模進行示範）

[準備] 烤箱以180度預熱。

1. 製作蛋黃麵糊

蛋黃麵糊是整個戚風蛋糕的基礎，製作時務必要確實混合攪拌所有的材料。
使用電動攪拌器，可以讓作業速度更快。

蛋黃　　　　　　　+ 砂糖

1. 把冷藏雞蛋的蛋白、蛋黃分開，放入調理盆中。

✤ 蛋白中若混入蛋黃，會導致不易打發，因此務必確實分離乾淨。

2. 用打蛋器攪拌蛋黃，加入砂糖仔細混合均勻。

3. 攪拌到整體呈現鵝黃色，變成略顯濃稠的美奶滋狀即可。

交互把蛋黃倒入左右邊的蛋殼中，注意不要戳破蛋黃，慢慢把蛋白倒入盆中。

使用電動攪拌器的話，可先在口徑較小的深型盆中攪拌混合，接著再移入大盆中。

10

做戚風蛋糕有不少需要注意的地方，
初學者難免會失敗幾次，這時可以參考食譜中的照片進行製作，
一定能順利烤出足以令人感動的輕・軟・Q・潤戚風蛋糕喔！

+ 沙拉油

4. 加入沙拉油，攪拌到整體變得滑順。

+ 水

5. 加入水，攪拌均勻。

+ 香草油

6. 滴入香草油，快速地攪拌均勻。

 建議逐次少量加入攪拌，可避免分離的情況產生。

 輕輕攪拌，可避免麵糊消泡。

+ 低筋麵粉

7. 用過篩器把低筋麵粉篩入盆中。

❖ 確實過篩才不易結塊。

8. 用打蛋器以畫圈的方式仔細攪拌，直到沒有任何麵粉塊為止。

9. 蛋黃麵糊製作完成。

❖ 用打蛋器撈起麵糊，能夠滑順不中斷地緩慢落入盆中，就表示狀態是沒問題的。

2. 製作蛋白霜

蛋白確實打發而成的蛋白霜，
能夠讓戚風蛋糕變得柔軟蓬鬆。

蛋白 + 砂糖

高速　　　　　　　　　　　　高速　　　　　　　　　　　高速 → 低速

1. 用電動攪拌器高速把盆中蛋白打發，等到稍微膨脹變得有彈性時，再加入砂糖。

2. 繼續高速攪拌，讓蛋白霜的質地紮實。

3. 打到蛋白霜出現光澤，撈起來可以立起尖角，就完成了。最後以低速攪拌10～20秒，使其更加均勻。

❖ 製作17cm烤模份量的蛋白霜，若是使用照片中的電動攪拌器（馬力較強），約需3～4分鐘。馬力較弱的攪拌器，則需要5～6分鐘左右。

水分容易滯留在邊緣，所以要大幅度地移動攪拌器。

3. 混合1與2

撈取部份蛋白霜加入蛋黃麵糊中，攪拌後整個麵糊會變得較輕盈蓬鬆。
再加入剩下的蛋白霜，輕輕快速得拌勻。

蛋黃麵糊 + 蛋白霜

1. 撈取部份蛋白霜，加入12
頁完成的蛋黃麵糊中。

2. 以畫圓的方式攪拌混合。
❖ 加入蛋白霜，是要讓蛋黃麵
糊變得綿密細緻，所以蛋白稍微消
泡是沒有關係的。

3. 在這樣的狀態下，分2次加
入剩餘的蛋白霜，快速大
動作地輕輕攪拌均勻。

可用打蛋器撈起麵糊，
旋轉手腕，麵糊會緩緩
落下。

4. 倒入烤模中烘焙

烘烤過程中在表面劃出切口，可以讓整個蛋糕膨脹得更均勻。
最重要的是，蛋糕烤好後務必要迅速倒扣蛋糕，等待冷卻。

4. 最後換用刮刀從盆邊、盆底撈取麵糊，攪拌到整體均勻滑順，沒有塊狀物為止。

1. 烤模中倒入一半的麵糊，迴轉半圈再繼續倒入麵糊。

❖ 烤模不能塗油或是鋪烤盤紙，否則會造成蛋糕剝落、縮小。

2. 用長筷子插入烤模底部，沿著烤模圓筒旋轉劃個5～6圈，去除麵糊中的空氣。若是圓筒沾到麵糊很容易烤焦，因此務必要擦拭乾淨。

3. 以180度進行烘烤。烤到表面成型後從烤箱中取出（17㎝烤模約7～8分鐘，20㎝烤模則為10～12分鐘）用脫模刀劃出切口，這樣能讓蛋糕膨脹得更均勻。接著再次放入烤箱中，烘烤至指定時間為止。

4. 取出成品。蛋糕確實膨脹到烤模邊緣的高度，就表示成功了。

❖ 烤好的蛋糕與烤模很燙，務必小心別燙傷了。

5. 連同烤模一起翻轉倒扣，把烤模中間的圓筒放在有高度的器具上。至少擺放2小時，直到蛋糕完全冷卻為止。

❖ 由於麵糊中粉類材料比雞蛋少，需要翻轉擺放，靠地心引力拉住蛋糕的形狀，才不會凹陷。

5. 脫模

用脫模刀小心地刮下蛋糕，
祕訣是將脫模刀緊貼著烤模，慢慢將蛋糕取下。

1. 蛋糕完全冷卻後，把脫模刀插入蛋糕與烤模之間，上下移動沿著烤模繞一圈。

2. 中間筒狀部份利用竹籤，或是刀身較細的脫模刀剝下蛋糕。

3. 底下墊著砧板等，把烤模上下翻轉，輕輕提起烤模外側，取下蛋糕。

在蛋糕與烤模間戳出一個縫隙，接著微微壓彎脫模刀，讓刀身貼合在烤模上。

4. 一手把脫模刀插入烤模底部與蛋糕之間後,抵住圓筒固定不動,同時另一隻手抓緊筒狀內緣與烤模底部,慢慢旋轉刮下蛋糕。

✣ 脫模刀不動,只旋轉烤模,是漂亮取下蛋糕的小祕訣。

5. 戚風蛋糕完成囉!

切蛋糕時

→ **Point**

為了避免弄塌蛋糕,建議使用麵包鋸刀或蛋糕刀。

氣泡均勻,膨脹良好,就表示成功了。

戚風蛋糕 Q&A

Q.1 蛋糕能擺放多久？又該怎麼保存呢？

A. 用保鮮膜包裹蛋糕保存。常溫下（夏天須冷藏）可以保存2～3天，冷凍則可保存2週左右。要吃的時候自然解凍即可。

連同烤模一起保存
完全冷卻後，將廚房紙巾劃出切口，接著整個用保鮮膜包裹起來。

保存整個未切的蛋糕
用廚房紙巾把中心的洞口填滿後，再把紙巾分別放在蛋糕的上、下，接著用保鮮膜一起包裹起來。

保存切片的蛋糕
每片蛋糕都包上保鮮膜，接著放入夾鍊袋或是保鮮袋中。

Q.2 為什麼蛋糕中會出現孔洞？

A. 倒入麵糊時混入空氣，或是蛋白霜不均勻，就會出現氣孔。還有用筷子攪拌過度，也有可能導致較大的氣泡混入麵糊中。

Q.3 為什麼蛋糕會和烤模分離？

A. 在烤模上塗油、使用不沾鍋烤模，都是可能的原因。或是烤模用久導致沙拉油滲入材質中，使蛋糕與烤模分離；因此每次使用後，務必要仔細刷洗乾淨。

黏在烤模上的蛋糕，一定要用鋼刷、牙刷等仔細刮除，並且用洗碗精清洗沾附的油脂。

Q.4 為什麼沒辦法把蛋糕漂亮完整地脫模？

A. 移動脫模刀時太過粗魯，是造成蛋糕脫模不完整的主因。還不熟悉脫模手法時，往往沒有把脫模刀確實貼在烤模上，不小心損壞了蛋糕。此外，蛋糕還溫熱時很容易崩塌脫落，此時不可進行脫模作業。

戚風蛋糕・重點總整理

在此重點式地整理出製作流程，
熟練基本概念後，就參考這一單元，親手製作戚風蛋糕吧！
不懂的地方，記得再翻到10～18頁複習詳細步驟喔！

❖ 材料與烘烤時間

材料	17cm烤模	20cm型
蛋黃麵糊		
蛋黃（L）	3顆份	6顆份
砂糖	20g	40g
沙拉油	30㎖（2大匙）	60㎖
水	40㎖	80㎖
香草油	2～3滴	3～4滴
低筋麵粉	75g	150g
蛋白霜		
蛋白（L）	3顆份	6顆份
砂糖	50g	100g
烘烤時間（180度）	35分	45分

❖ 雞蛋請務必事先冷藏備用。

❖ 製作流程

1. 製作蛋黃麵糊
　↓
2. 製作蛋白霜
　↓
3. 混合1與2
　↓
4. 倒入烤模中烘焙
　↓
5. 脫模

❖ 製作方法（用17cm烤模進行示範）

[準備] 烤箱以180度預熱。

1. 製作蛋黃麵糊

1. 把蛋黃、砂糖放入調理盆中，用打蛋器打到整體材料呈鵝黃色、滑順濃稠狀。

2. 加入沙拉油攪拌均勻，接著加入水、香草油攪拌混合。

3. 把低筋麵粉篩入盆中，用打蛋器攪拌均勻。

4. 蛋黃麵糊完成。

2. 製作蛋白霜

3. 混合 1 與 2

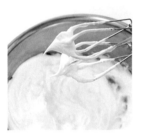

5. 打發蛋白到稍微膨脹後，加入砂糖繼續打發直到蛋白可以立起尖角。

6. 撈取部份蛋白霜加入蛋黃麵糊中，用打蛋器畫圈攪拌。

7. 趁著還看得見白色部份時，分2次加入剩餘的蛋白霜，每次加入都快速大動作地攪拌。

8. 換用橡皮刮刀，攪拌到整體材料均勻滑順，沒有塊狀物為止。

4. 倒入烤模中烘焙

5. 脫模

9. 麵糊倒入烤模，取一枝長筷子插入烤模底部，畫5～6圈去除空氣，接著以180度烘烤。

10. 烘烤到表面成型後，用脫模刀劃出切口，接著繼續烘烤到指定時間結束。

11. 烤好時迅速從烤箱中取出，連同烤模一起上下倒扣，至少擺放2小時，直到蛋糕完全冷卻為止。

12. 參照17～18頁進行脫模。

習慣原味戚風蛋糕的製作流程後，
接下來試著為蛋糕加入一些小變化吧！

黑糖戚風

把砂糖換成黑糖，可以帶出溫和的甜味與特殊的香氣。
口感綿軟輕盈的黑糖戚風，最適合拿來當點心了。
為了突顯風味，稍微增加了一點糖的用量。

❖ 材料與烘烤時間（咖啡色部分是與「基本配方」不同的地方）

材料	17cm型	20cm型
蛋黃麵糊		
蛋黃（L）	3顆份	6顆份
黑糖（粉末狀）	30g	60g
沙拉油	30㎖（2大匙）	60㎖
水	40㎖	80㎖
低筋麵粉	75g	150g
蛋白霜		
蛋白（L）	3顆份	6顆份
黑糖（粉末狀）	60g	120g
烘烤時間（180度）	35分	45分

［準備］ 烤箱以180度預熱。

>>> 製作重點

砂糖換成黑糖，參照10～18頁「基本製作方法」。

巧克力脆片戚風

把大家都愛的巧克力脆片大量加入戚風蛋糕中吧！
這種蛋糕容易出現孔洞，所以必須另外在巧克力中撒入低筋麵粉。
也可以用切碎的水果乾取代巧克力脆片。

❖ **材料與烘烤時間**（咖啡色部分是與「基本配方」不同的地方）

材料	17cm型	20cm型
蛋黃麵糊		
蛋黃（L）	3顆份	6顆份
砂糖	20g	40g
沙拉油	30mℓ（2大匙）	60mℓ
水	40mℓ	80mℓ
香草油	2～3滴	3～4滴
低筋麵粉	75g	150g
蛋白霜		
蛋白（L）	3顆份	6顆份
砂糖	50g	100g
巧克力脆片	40g	80g
烘烤時間（180度）	35分	45分

[準備] 烤箱以180度預熱。

> > > **製作重點**
把參照10～15頁「基本製作方法」。在巧克力脆片裡撒上低筋麵粉，拌勻後混入麵糊中，用橡皮刮刀攪拌，參考15～18頁進行烘烤。

❖ 巧克力脆片可依喜好選擇。在此示範兩種混合的作法。

chapter
2
加入簡單變化的戚風蛋糕

將基本配方稍作應用，就能作出各種豐富的變化。
本單元要為各位介紹幾種常見的人氣定番戚風蛋糕。

紅茶戚風

最適合下午茶時光的馨香戚風蛋糕。
使用伯爵紅茶提味，
並在麵糊中加入煮好的茶與茶葉，正是創造美味的小訣竅。

❖ 材料與烘烤時間（紅色部分是與「基本配方」不同的地方）

材料	17cm型	20cm型
蛋黃麵糊		
蛋黃（L）	3顆份	6顆份
砂糖	15g	30g
沙拉油	30㎖（2大匙）	60㎖
紅茶液		
紅茶茶包	4包	8包
水	80㎖	160㎖
紅茶茶葉		
紅茶茶葉（茶包）	1包份	2包份
熱開水	15㎖（1大匙）	30㎖（2大匙）
低筋麵粉	75g	150g
蛋白霜		
蛋白（L）	3顆份	6顆份
砂糖	50g	100g
烘烤時間（180度）	35分	45分

[準備]

1. 製作紅茶液。水加熱沸騰後放入茶包，用小火煮約10秒關火。蓋上鍋蓋放置3分鐘（A），17cm烤模取50㎖備用，20cm烤模取100㎖備用。

✤用湯匙擠壓茶包，瀝出所有茶液，若茶液不夠就加水添補。

2. 從茶包中取出茶葉，用熱開水從上方畫圈澆淋，蓋上保鮮膜備用（B）。

3. 烤箱以180度預熱。

✤ 一包紅茶茶包約為2g。這裡建議您使用香氣較濃郁的茶，例如伯爵紅茶。

❖ 製 作 方 法

1. 製作蛋黃麵糊

1. 把蛋黃、砂糖放入調理盆中，用打蛋器打到整體材料顏色偏白、呈現滑順濃稠狀為止。

2. 加入沙拉油仔細攪拌均勻，接著加入準備1的紅茶液，攪拌混合（C）。

3. 把低筋麵粉篩入盆中，用打蛋器仔細攪拌均勻。

4. 加入準備2的茶葉，攪拌混合（D）蛋黃麵糊製作完成。

2. 製作蛋白霜

5. 打發蛋白等到稍微膨脹後，加入砂糖繼續打發，直到蛋白可以立起尖角。

3. 混合1與2

6. 撈取部份蛋白霜加入蛋黃麵糊中，用打蛋器畫圈攪拌。

7. 趁著還看得見白色部份時，分2次加入剩餘的蛋白霜，每次加入都快速大動作地攪拌材料（E）。

8. 最後換用刮刀，攪拌到整體均勻滑順，沒有塊狀物為止。

4. 倒入烤模中烘焙

9. 把麵糊倒入烤模中，取一枝長筷子插入烤模底畫5～6圈去除空氣，接著以180度烘烤。

10. 烘烤到表面成型後，用脫模刀劃出切口，接著繼續烘烤至指定時間結束。

11. 烤好後迅速從烤箱中取出，連同烤模一起翻轉倒扣，至少擺放2小時，直到蛋糕完全冷卻為止。

5. 脫模

12. 參照17～18頁，進行脫模。

A

B

C

D

E

香蕉戚風

蛋糕快烤好時,靠近烤箱就會聞到一陣甜美香氣。
香蕉戚風的甜美滋味,非常適合搭配香草冰淇淋一起品嚐。
較熟的香蕉,可以讓蛋糕更加美味。

❖ 材料與烘烤時間（紅色部分是與「基本配方」不同的地方）

材料	17cm型	20cm型
蛋黃麵糊		
蛋黃（L）	3顆份	6顆份
砂糖	30g	60g
沙拉油	30mℓ（2大匙）	60mℓ
香蕉（果肉淨重）	50g	100g
香蕉甜酒		
（或是檸檬汁）	15mℓ（1大匙）	30mℓ（2大匙）
香草油	2～3滴	3～4滴
低筋麵粉	80g	160g
蛋白霜		
蛋白（L）	3顆份	6顆份
砂糖	50g	100g
烘烤時間（180度）	35分	45分

[準備]

烤箱以180度預熱。

❖ 香蕉甜酒是一種添加香蕉風味的
　洋酒(A)。市面上也有販售迷你瓶
　裝產品。

❖ 製 作 方 法

1. 製作蛋黃麵糊

1. 把蛋黃、砂糖放入調理盆中，用打蛋器打到整體材料顏色偏白、呈現滑順濃稠狀為止。

2. 加入沙拉油仔細攪拌均勻。

3. 把香蕉甜酒淋在香蕉果肉上，用叉子壓碎果肉（B）。把壓碎的果泥放入步驟2的材料中（C），接著加入香草油，攪拌混合。

4. 把低筋麵粉篩入盆中，仔細攪拌均勻。蛋黃麵糊製作完成。

2. 製作蛋白霜

5. 打發蛋白等到稍微膨脹後，加入砂糖繼續打發，直到蛋白可以立起尖角。

3. 混合1與2

6. 撈取部份蛋白霜加入蛋黃麵糊中，用打蛋器畫圈攪拌。

7. 趁著還看得見白色部份時，分2次加入剩餘的蛋白霜，每次加入都快速大動作地攪拌。

8. 最後換用刮刀，攪拌到整體材料均勻滑順沒有塊狀物為止（D）。

4. 倒入烤模中烘焙

9. 把麵糊倒入烤模中，取一枝長筷子插入烤模底畫5～6圈去除空氣，接著以180度烘烤。

10. 烘烤到表面成型後，用脫模刀劃出切口，接著繼續烘烤至指定時間結束。

11. 烤好後迅速從烤箱中取出，連同烤模一起翻轉倒扣，至少擺放2小時，直到蛋糕完全冷卻為止。

5. 脫模

12. 參照17～18頁，進行脫模。品嚐時可依照個人喜好添加市售香草冰淇淋與蛋糕搭配。

A

B

C

D

百香果戚風

在材料中加入大量的百香果果泥，
做出微酸的水果風味戚風。
淋上甜甜的煉乳一起享用，更能突顯出蛋糕的爽口風味。

❖ **材料與烘烤時間**（紅色部分是與「基本配方」不同的地方）

材料	17cm型	20cm型
蛋黃麵糊		
蛋黃（L）	4顆份	6顆份
砂糖	20g	30g
沙拉油	30㎖（2大匙）	50㎖
百香果果泥（冷凍）	70g	110g
低筋麵粉	80g	120g
蛋白霜		
蛋白（L）	4顆份	6顆份
砂糖	50g	80g
烘烤時間（180度）	35分	45分
煉乳淋醬		
含糖煉乳	40㎖	80㎖
牛奶	10㎖（2小匙）	20㎖（1⅓大匙）
香草精	1～2滴	2～3滴

[準備]

1. 百香果果泥自然解凍備用。
2. 烤箱以180度預熱。

❖ 百香果果泥可於烘焙材料行購
　買。

❖ **製 作 方 法**

1. 製作蛋黃麵糊

1. 把蛋黃、砂糖放入調理盆中，用打蛋器打到整體材料顏色偏白、呈現滑順濃稠狀為止。

2. 加入沙拉油仔細攪拌均勻。

3. 加入準備1的百香果果泥，攪拌均勻（A）。

4. 把低筋麵粉篩入盆中，仔細攪拌均勻。蛋黃麵糊製作完成。

2. 製作蛋白霜

5. 打發蛋白等到稍微膨脹後，加入砂糖繼續打發，直到蛋白可以立起尖角。

3. 混合1與2

6. 撈取部份蛋白霜加入蛋黃麵糊中，用打蛋器畫圈攪拌。

7. 趁著還看得見白色部份時，分2次加入剩餘的蛋白霜，每次加入都快速大動作地攪拌。

8. 最後換用刮刀攪拌到整體材料均勻滑順，沒有塊狀物為止（B）。

4. 倒入烤模中烘焙

9. 把麵糊倒入烤模中，取一枝長筷子插入烤模底畫5～6圈去除空氣，接著以180度烘烤。

10. 烘烤到表面成型後，用脫模刀劃出切口，接著繼續烘烤至指定時間結束。

11. 烤好後迅速從烤箱中取出，連同烤模一起上下倒扣，至少擺放2小時，直到蛋糕完全冷卻為止。

5. 脫模

12. 參照17～18頁，進行脫模。

6. 製作煉乳淋醬

13. 在盆中放入含糖煉乳、牛奶、香草精，仔細攪拌混合（C），接著依個人喜好搭配蛋糕品嚐。

焦糖戚風

接受度超高的人氣焦糖戚風蛋糕。

熬煮焦糖的時間會大幅影響焦糖的風味,

建議您可以多嘗試,調整出自己最喜歡的味道。

❖ **材料與烘烤時間**（紅色部分是與「基本配方」不同的地方）

材料	17cm型	20cm型
蛋黃麵糊		
蛋黃（L）	3顆份	6顆份
砂糖	30g	30g
沙拉油	30mℓ（2大匙）	60mℓ
焦糖		
白砂糖	60g	120g
水	15mℓ（1大匙）	30mℓ（2大匙）
熱開水	30mℓ（2大匙）	60mℓ
香草油	2～3滴	3～4滴
低筋麵粉	80g	160g
蛋白霜		
蛋白（L）	3顆份	6顆份
砂糖	60g	120g
烘烤時間（180度）	35分	45分

❖ **製作方法**

1. 製作蛋黃麵糊

1. 把蛋黃、砂糖放入調理盆中，用打蛋器打到整體材料顏色偏白、呈現滑順濃稠狀為止。

2. 加入沙拉油仔細攪拌均勻。

3. 加入準備2的焦糖（B）、香草油，攪拌混合。

4. 把低筋麵粉篩入盆中，仔細攪拌均勻。蛋黃麵糊製作完成。

2. 製作蛋白霜

5. 打發蛋白等到稍微膨脹後，加入砂糖繼續打發，直到蛋白可以立起尖角。

3. 混合1與2

6. 撈取部份蛋白霜加入蛋黃麵糊中，用打蛋器畫圈攪拌。

7. 趁著還看得見白色部份時，分2次加入剩餘的蛋白霜，每次加入都快速大動作地攪拌材料。

8. 最後換用刮刀攪拌到整體材料均勻滑順，沒有塊狀物為止（C）。

❖ 此時麵糊顏色會變淺，不過烘烤後焦糖的顏色就會自然呈現。

4. 倒入烤模中烘焙

9. 把麵糊倒入烤模中，取一枝長筷子插入烤模底畫5～6圈去除空氣，接著以180度烘烤。

10. 烘烤到表面成型後，用脫模刀劃出切口，接著繼續烘烤至指定時間結束。

11. 烤好後迅速從烤箱中取出，連同烤模一起翻轉倒扣，至少擺放2小時，直到蛋糕完全冷卻為止。

5. 脫模

12. 參照17～18頁，進行脫模。

[準備]

1. 製作焦糖。放入砂糖、水開火加熱，燉煮過程別忘了不時地搖晃鍋子。煮到鍋子冒煙，糖水變為茶色後關火，從鍋子的側邊倒入熱開水，稀釋焦糖(A)。

❖ 倒入熱開水可能會造成高溫的焦糖飛濺，請避免過度靠近鍋子。

2. 等到焦糖稍微降溫後，17cm烤模取50mℓ，20cm烤模取100mℓ；可將焦糖隔水加熱保溫備用。

3. 烤箱以180度預熱。

A

B

C

巧克力戚風

這裡使用融化的巧克力進行烘烤，
做出讓每個巧克力愛好者，都倍感滿足的濃郁滋味。
可可脂容易造成蛋白霜消泡，切記千萬不要攪拌過頭。

❖ 材料與烘烤時間（紅色部分是與「基本配方」不同的地方）

材料	17cm型	20cm型
蛋黃麵糊		
蛋黃（L）	3顆份	6顆份
砂糖	15g	30g
巧克力液		
甜巧克力	80g	160g
水	60mℓ	120mℓ
沙拉油	30mℓ（2大匙）	60mℓ
低筋麵粉	50g	100g
蛋白霜		
蛋白（L）	3顆份	6顆份
砂糖	50g	100g
烘烤時間（180度）	35分	45分

[準備]

1. 製作巧克力液。把甜巧克力切碎後，隔水加熱(A)。

❖若使用含60%以上可可的巧克力，可能導致蛋糕出現孔洞或是扁塌。

2. 巧克力碎片融化後，接著加入沙拉油攪拌(B)。

3. 烤箱以180度預熱。

❖ 製作方法

1. 製作蛋黃麵糊

1. 把蛋黃、砂糖放入調理盆中，用打蛋器打到整體材料顏色偏白、呈現滑順濃稠狀為止。

2. 加入準備2攪拌均勻（C）。

3. 把低筋麵粉篩入盆中，用打蛋器仔細攪拌均勻（D）。

4. 蛋黃麵糊製作完成。

2. 製作蛋白霜

5. 打發蛋白等到稍微膨脹後，加入砂糖繼續打發，直到蛋白可以立起尖角。

3. 混合1與2

6. 撈取部份蛋白霜加入蛋黃麵糊中，用打蛋器畫圈攪拌。

7. 趁著還看得見白色部份時，分2次加入剩餘的蛋白霜，每次加入都快速大動作地攪拌（E）。

8. 最後換用刮刀攪拌到整體材料均勻滑順，沒有塊狀物為止。

4. 倒入烤模中烘焙

9. 把麵糊倒入烤模中，取一枝長筷子插入烤模底畫5～6圈除去空氣，接著放到烤盤上，以180度烘烤。

10. 烘烤到表面成型後，用脫模刀劃出切口，接著繼續烘烤全指定時間結束。

11. 烤好後迅速從烤箱中取出，連同烤模一起翻轉倒扣，至少擺放2小時，直到蛋糕完全冷卻為止。

5. 脫模

12. 參照17～18頁，進行脫模。

南瓜戚風

利用南瓜自然的甜味，做出健康美味的戚風蛋糕。
鮮艷欲滴的橙色，搭配鮮奶油霜與肉桂粉，
更能帶出美味。

❖ 材料與烘烤時間（紅色部分是與「基本配方」不同的地方）

材料	17cm型	20cm型
蛋黃麵糊		
蛋黃（L）	3顆份	6顆份
砂糖	25g	50g
沙拉油	30㎖（2大匙）	60㎖
南瓜泥		
南瓜	150g	300g
水	25㎖（1⅔大匙）	50㎖
香草油	2～3滴	3～4滴
低筋麵粉	60g	120g
蛋白霜		
蛋白（L）	3顆份	6顆份
砂糖	50g	100g
烘烤時間（180度）	35分	45分
甜鮮奶油霜		
鮮奶油（液狀）	100㎖	200㎖
砂糖	1½大匙	3大匙
肉桂粉	少許	少許

[準備]

1. 製作南瓜泥。南瓜去皮去籽，切成一口大小，快速過水汆燙，放入耐熱容器中，蓋上保鮮膜，在上面戳幾個小洞，微波加熱5～6分鐘(A)。

2. 南瓜過篩（B），17cm烤模取75g，20cm烤模取150g份量。加水攪拌均勻備用。

3. 烤箱以180度預熱。

❖ 製作方法

1. 製作蛋黃麵糊

1. 把蛋黃、砂糖放入調理盆中，用打蛋器打到整體材料顏色偏白、呈現滑順濃稠狀為止。

2. 加入沙拉油仔細攪拌均勻。

3. 加入準備2攪拌混合（C）、接著加入香草油，迅速大動作地攪拌。

4. 把低筋麵粉篩入盆中，仔細攪拌均勻。蛋黃麵糊製作完成。

2. 製作蛋白霜

5. 打發蛋白等到稍微膨脹後，加入砂糖繼續打發，直到蛋白可以立起尖角。

3. 混合1與2

6. 撈取部份蛋白霜加入蛋黃麵糊中，用打蛋器畫圈攪拌。

7. 趁著還看得見白色部份時，分2次加入剩餘的蛋白霜，每次加入都快速大動作地攪拌（D）。

8. 最後換用打蛋器，攪拌到整體材料均勻滑順沒有塊狀物為止。

4. 倒入烤模中烘焙

9. 把麵糊倒入烤模中，取一枝長筷子插入烤模底畫5～6圈除去空氣，接著放到烤盤上，以180度烘烤。

10. 烘烤到表面成型後，用脫模刀劃出切口，接著繼續烘烤至指定時間結束。

11. 烤好後迅速從烤箱中取出，連同烤模一起翻轉倒扣，至少擺放2小時，直到蛋糕完全冷卻為止。

5. 脫模

12. 參照17～18頁，進行脫模。

6. 製作甜鮮奶油霜

13. 把鮮奶油打發到七分（參照66頁），取適量放到蛋糕旁，灑上肉桂粉增添風味。

A

B

C

D

香草卡士達戚風

這個香草卡士達戚風蛋糕，使用的蛋黃量居然是蛋白的2倍！

也正因如此，才能創造出如同卡士達醬般的柔滑口感。

還加了香草籽營造奢華美味饗宴。

❖ 材料與烘烤時間（紅色部分是與「基本配方」不同的地方）

材料	17cm型	20cm型
蛋黃麵糊		
蛋黃（L）	6顆份	12顆份
砂糖	20g	40g
沙拉油	30㎖（2大匙）	60㎖
牛奶（或是水）	40㎖	80㎖
香草豆莢	½根	1根
低筋麵粉	65g	130g
蛋白霜		
蛋白（L）	3顆份	6顆份
砂糖	50g	100g
烘烤時間（180度）	35分	45分

❖ 製作方法

1. 製作蛋黃麵糊

1. 把蛋黃、砂糖放入調理盆中，用打蛋器打到整體材料顏色偏白、呈現滑順濃稠狀為止。

2. 加入沙拉油仔細攪拌均勻。接著加入牛奶，攪拌混合（C）。

3. 加入準備1的香草種籽，仔細攪拌混合（D）。

4. 把低筋麵粉篩入盆中，仔細攪拌均勻。蛋黃麵糊製作完成。

2. 製作蛋白霜

5. 打發蛋白等到稍微膨脹後，加入砂糖繼續打發，直到蛋白可以立起尖角。

3. 混合1與2

6. 撈取部份蛋白霜加入蛋黃麵糊中，用打蛋器畫圈攪拌。

7. 趁著還看得見白色部份時，分2次加入剩餘的蛋白霜，每次加入都快速大動作地攪拌材料。

8. 最後換用刮刀，攪拌到整體材料均勻滑順沒有塊狀物為止（E）。

4. 倒入烤模中烘焙

9. 把麵糊倒烤模中，取一枝長筷子插入烤模底畫5～6圈除去空氣，接著放到烤盤上，以180度烘烤。

10. 烘烤到表面成型後，用脫模刀劃出切口，接著繼續烘烤至指定時間結束。

11. 烤好後迅速從烤箱中取出，連同烤模一起翻轉倒扣，至少擺放2小時，直到蛋糕完全冷卻為止。

5. 脫模

12. 參照17～18頁，進行脫模。

A

B

C

D

E

chapter
3
口味多層次的戚風蛋糕

本單元將組合多種口味，製作戚風蛋糕。
習慣基本、簡單的戚風製作方法後，一定要挑戰看看本單元中的應用喔！

藍莓&起司戚風

使用低脂的茅屋起司，讓蛋糕呈現清爽滋味。
略為突顯鹹味的蛋糕體，甜甜鹹鹹和藍莓形成絕配。
為了避免蛋糕塌陷，處理藍莓時要多加個小步驟才行唷！

❖ 材料與烘烤時間（藍色部分是與「基本配方」不同的地方）

材料	17cm型	20cm型
蛋黃麵糊		
茅屋起司（Cottage Cheese）（需先過篩）	80g	140g
檸檬汁	30㎖（2大匙）	50㎖
沙拉油	30㎖（2大匙）	55㎖
蛋黃（L）	4顆份	7顆份
砂糖	30g	50g
香草油	2～3滴	3～4滴
鹽	⅕小匙	⅖小匙
低筋麵粉	70g	125g
蛋白霜		
蛋白（L）	4顆份	7顆份
砂糖	50g	90g
藍莓（冷凍）	100g	200g
砂糖	½大匙	1大匙
檸檬汁	½小匙	1小匙
烘烤時間（180度）	35分	45分

[準備]

1. 把冷凍藍莓加入砂糖、檸檬汁，微波加熱2～2.5分鐘(A)。

2. 利用篩子分開藍莓果實與湯汁。取廚房紙巾擦乾藍莓果實，另灑上少量的低筋麵粉。
❖剩餘的湯汁可當作淋醬使用。

3. 烤箱以180度預熱。

A

❖ 製作方法

1. 製作蛋黃麵糊

1. 將起司與檸檬汁攪拌混合，接著倒入沙拉油攪拌均勻（B）。

2. 把蛋黃、砂糖放入另一個調理盆中，用打蛋器打到整體材料顏色偏白、呈現滑順濃稠狀為止。

3. 把步驟2的材料分2～3次加入步驟1中，仔細攪拌均勻（C），接著加入香草油、鹽，攪拌混合。

4. 把低筋麵粉篩入盆中，仔細攪拌均勻。蛋黃麵糊製作完成。

2. 製作蛋白霜

5. 打發蛋白等到稍微膨脹後，加入砂糖繼續打發，直到蛋白可以立起尖角。

3. 混合1與2

6. 撈取部份蛋白霜加入蛋黃麵糊中，用打蛋器畫圈攪拌。

7. 趁著還看得見白色部份時，分2次加入剩餘的蛋白霜，每次加入都快速大動作地攪拌（D）。

8. 最後換用刮刀攪拌到整體材料均勻滑順，沒有塊狀物為止。

4. 倒入烤模中烘焙

9. 將⅓的麵糊倒入烤模中，接著加入準備2中⅓量的藍莓（E）。重複堆疊，最後輕輕地把最上層的藍莓按壓入麵糊中。以180度烘烤。

10. 烘烤到表面成型後，用脫模刀劃出切口，接著繼續烘烤至指定時間結束。

11. 烤好後迅速從烤箱中取出，連同烤模一起翻轉倒扣，至少擺放2小時，直到蛋糕完全冷卻為止。

5. 脫模

12. 參照17～18頁，進行脫模。

B

C

D

E

咖啡大理石戚風

使用即溶咖啡粉，就能輕鬆做出充滿咖啡香的戚風。
在麵糊中加入咖啡，烘烤時滿室香氣。
不過度攪拌麵糊，才能讓烤出來的大理石花紋更漂亮。

❖ 材料與烘烤時間（藍色部分是與「基本配方」不同的地方）

材料	17cm型	20cm型
蛋黃麵糊		
蛋黃（L）	3顆份	6顆份
砂糖	20g	40g
沙拉油	30mℓ（2大匙）	60mℓ
咖啡液（麵糊用）		
即溶咖啡粉	1大匙	2大匙
開水	40mℓ	80mℓ
低筋麵粉	75g	150g
蛋白霜		
蛋白（L）	3顆份	6顆份
砂糖	50g	100g
咖啡液（大理石花紋用）		
即溶咖啡粉	2小匙	1⅓大匙
開水	1小匙	2小匙
砂糖	2小匙	1⅓大匙
烘烤時間（180度）	35分	45分

[準備]

1. 製作2種咖啡液。
   麵糊用咖啡液：即溶咖啡粉加入開水攪拌均勻。
   大理石花紋用咖啡液：取較小的調理盆，放入即溶咖啡粉、開水、砂糖，攪拌均勻（A）。

2. 烤箱以180度預熱。

❖ 製作方法

1. 製作蛋黃麵糊

1. 把蛋黃、砂糖放入調理盆中，用打蛋器打到整體材料顏色偏白、呈現滑順濃稠狀為止。

2. 加入沙拉油仔細攪拌均勻。

3. 接著加入準備1的麵糊用咖啡液，攪拌混合（B）。

4. 把低筋麵粉篩入盆中，仔細攪拌均勻（C）。蛋黃麵糊製作完成。

2. 製作蛋白霜

5. 打發蛋白等到稍微膨脹後，加入砂糖繼續打發，直到蛋白可以立起尖角。

3. 混合1與2

6. 撈取部份蛋白霜加入蛋黃麵糊中，用打蛋器畫圈攪拌。

7. 趁著還看得見白色部份時，分2次加入剩餘的蛋白霜，每次加入都快速大動作地攪拌。

8. 最後換用刮刀攪拌到整體材料均勻滑順，沒有塊狀物為止。

9. 用大湯杓撈取1勺麵糊，加入大理石花紋咖啡液中，攪拌混合（D）。

10. 把9的材料倒回步驟8的盆中，快速大動作攪拌混合。

❖ 把麵糊倒入咖啡糖漿的過程中，自然就會形成大理石花紋，所以此步驟不要過度攪拌。

4. 倒入烤模中烘焙

11. 把麵糊倒入烤模中，取一枝長筷子插入烤模底畫5～6圈除去空氣，接著放到烤盤上，以180度烘烤。

12. 烘烤到表面成型後，用脫模刀劃出切口，接著繼續烘烤至指定時間結束。

13. 烤好後迅速從烤箱中取出，連同烤模一起翻轉倒扣，至少擺放2小時，直到蛋糕完全冷卻為止。

5. 脫模

14. 參照17～18頁，進行脫模。

A　麵糊用　大理石紋路用

B

C

D

E

橘子&檸檬戚風

用罐頭水果即可輕鬆製作，最適合嘴饞想吃些點心的時候。
為了避免橘瓣下沉導致蛋糕出現孔洞，一定要把橘子撕成小片再加入喔！
而檸檬的酸味與香氣，也在蛋糕中起了畫龍點睛的效果。

❖ 材料與烘烤時間（藍色部分是與「基本配方」不同的地方）

材料	17cm型	20cm型
蛋黃麵糊		
蛋黃（L）	4顆份	6顆份
砂糖	20g	40g
沙拉油	30mℓ（2大匙）	50mℓ
檸檬皮	½顆份	1顆份
橘子（罐頭・果肉淨重）	80g	130g
檸檬汁	30mℓ（2大匙）	60mℓ
低筋麵粉	80g	130g
蛋白霜		
蛋白（L）	4顆份	6顆份
砂糖	50g	90g
烘烤時間（180度）	35分	45分

［準備］

1. 檸檬用鹽巴仔細搓洗洗淨，削下表皮備用（A）。

2. 倒掉橘子罐頭的湯汁，秤出所需份量的果肉，撕成小片後，淋上檸檬汁。

3. 烤箱以180度預熱。

❖ 製作方法

1. 製作蛋黃麵糊

1. 把蛋黃、砂糖放入調理盆中，用打蛋器打到整體材料顏色偏白、呈現滑順濃稠狀為止。

2. 加入沙拉油仔細攪拌均勻。接著加入準備1的檸檬皮攪拌。

3. 加入準備2攪拌混合（B）。

4. 把低筋麵粉篩入盆中，仔細攪拌均勻。蛋黃麵糊製作完成（C）。

❖加入柑橘類材料後，麵糊會顯得有點乾澀，是正常現象。

2. 製作蛋白霜

5. 打發蛋白等到稍微膨脹後，加入砂糖繼續打發，直到蛋白可以立起尖角。

3. 混合1與2

6. 撈取部份蛋白霜加入蛋黃麵糊中，用打蛋器畫圈攪拌。

7. 趁著還看得見白色部份時，分2次加入剩餘的蛋白霜，每次加入都快速大動作地攪拌。

8. 最後換用刮刀攪拌到整體材料均勻滑順，沒有塊狀物（D）。

4. 倒入烤模中烘焙

9. 麵糊倒入烤模中（E），取一枝長筷子插入烤模底畫5～6圈除去空氣。

❖若是麵糊不易倒入模中，可以用刮刀刮取放入。

10. 接著以180度烘烤。

11. 烘烤到表面成型後，用脫模刀劃出切口，接著繼續烘烤至指定時間結束。

12. 烤好後迅速從烤箱中取出，連同烤模一起翻轉倒扣，至少擺放2小時，直到蛋糕完全冷卻為止。

5. 脫模

13. 參照17～18頁，進行脫模。

A

B

C

D

E

玉米粉&奶油戚風

用整顆玉米磨成粉製作而成，讓蛋糕呈現亮麗的色澤。
用大量的奶油，帶出濃郁風味口齒留香。
微微的鹹味，讓這道戚風成為輕食新選擇。

44

❖ 材料與烘烤時間（藍色部分是與「基本配方」不同的地方）

材料	17cm型	20cm型
蛋黃麵糊		
蛋黃（L）	4顆份	8顆份
砂糖	20g	40g
沙拉油	30㎖（2大匙）	60㎖
奶油（無鹽）	40g	80g
鹽	½小匙	1小匙
水	40㎖	80㎖
低筋麵粉	20g	40g
玉米粉（細研磨）	60g	120g
蛋白霜		
蛋白（L）	4顆份	8顆份
砂糖	50g	90g
烘烤時間（180度）	35分	45分

［準備］

1. 奶油封上保鮮膜，小火（200W）微波加熱1分鐘。

❖加熱時奶油很容易飛濺出來，因此務必要包上保鮮膜。

2. 調和低筋麵粉、玉米粉（A），一起過篩。

3. 烤箱以180度預熱。

❖ 製作方法

1. 製作蛋黃麵糊

1. 把蛋黃、砂糖放入調理盆中，用打蛋器打到整體材料顏色偏白、呈現滑順濃稠狀為止。

2. 加入沙拉油攪拌均勻。接著加入準備1的奶油、鹽，攪拌混合（B）。

3. 加入水，攪拌混合。

4. 將準備2再次過篩，加入盆中用攪拌均勻（C）。

2. 製作蛋白霜

5. 打發蛋白等到稍微膨脹後，加入砂糖繼續打發，直到蛋白可以立起尖角。

3. 混合1與2

6. 撈取部份蛋白霜加入蛋黃麵糊中，用打蛋器畫圈攪拌。

7. 趁著還看得見白色部份時，分2次加入剩餘的蛋白霜，每次加入都快速大動作地攪拌。

8. 最後換用刮刀攪拌到整體材料均勻滑順，沒有塊狀物為止（D）。

4. 倒入烤模中烘焙

9. 把麵糊倒入烤模中，取一枝長筷子插入烤模底畫5～6圈除去空氣，接著放到烤盤上，以180度烘烤。

10. 烘烤到表面成型後，用脫模刀劃出切口，接著繼續烘烤至指定時間結束。

11. 烤好後迅速從烤箱中取出，連同烤模一起翻轉倒扣，至少擺放2小時，直到蛋糕完全冷卻為止。

5. 脫模

12. 參照17～18頁，進行脫模。

A

B

C

D

可可&覆盆子戚風

單用可可麵糊直接烘烤就很美味可口了，
再加入酸酸甜甜的覆盆子，簡直絕配。
從切面中悄悄露臉的覆盆子，讓可可戚風的外形和口感都增色不少。

❖ 材料與烘烤時間（藍色部分是與「基本配方」不同的地方）

材料	17cm型	20cm型
蛋黃麵糊		
蛋黃（L）	4顆份	8顆份
砂糖	20g	40g
沙拉油	30ml（2大匙）	60ml
水	40ml	80ml
低筋麵粉	50g	100g
可可粉	20g	40g
蛋白霜		
蛋白（L）	4顆份	8顆份
砂糖	50g	100g
覆盆子（新鮮果實）	40g	80g
烘烤時間（180度）	35分	45分

[準備]

1. 調和低筋麵粉與可可粉後過篩備用。

2. 烤箱以180度預熱。

❖ 製作方法

1. 製作蛋黃麵糊

1. 把蛋黃、砂糖放入調理盆中，用打蛋器打到整體材料顏色偏白、呈現滑順濃稠狀為止。

2. 加入沙拉油仔細攪拌均勻。

3. 接著加入水，攪拌混合。

4. 把準備1再次過篩後，加入盆中（A）、用打蛋器仔細攪拌均勻（B）。

2. 製作蛋白霜

5. 打發蛋白等到稍微膨脹後，加入砂糖繼續打發，直到蛋白可以立起尖角。

3. 混合1與2

6. 撈取部份蛋白霜加入蛋黃麵糊中，用打蛋器畫圈攪拌。

7. 趁著還看得見白色部份時，分2次加入剩餘的蛋白霜，每次加入都快速大動作地攪拌材料。

8. 最後換用刮刀，攪拌到整體材料均勻滑順，沒有塊狀物為止（C）。

4. 倒入烤模中烘焙

9. 把一半的麵糊倒入烤模中，接著加入一半的覆盆子（D）。重複上述作法，最後輕輕地把最上層的覆盆子按壓入麵糊中（E）。

10. 將麵糊以180度烘烤。

11. 烘烤到表面成型後，用脫模刀劃出切口，接著繼續烘烤至指定時間結束。

12. 烤好後迅速從烤箱中取出，連同烤模一起翻轉倒扣，至少擺放2小時，直到蛋糕完全冷卻為止。

5. 脫模

13. 參照17～18頁，進行脫模。

❖ 使用新鮮覆盆子。冷凍覆盆子容易下沉導致蛋糕出現孔洞。

A

B

C

D

E

楓糖 & 核桃戚風

用含有豐富礦物質的楓糖製作戚風。
添加與楓糖風味極搭的馨香核桃，
品嚐時還能享受到酥脆的堅果口感。

❖ 材料與烘烤時間（藍色部分是與「基本配方」不同的地方）

材料	17cm型	20cm型
蛋黃麵糊		
蛋黃（L）	3顆份	6顆份
楓糖糖粉	20g	40g
沙拉油	30mℓ（2大匙）	60mℓ
楓糖糖漿	50mℓ	100mℓ
低筋麵粉	80g	160g
蛋白霜		
蛋白（L）	3顆份	6顆份
楓糖糖粉	50g	100g
核桃	30g	60g
烘烤時間（180度）	35分	45分

❖ 製作方法

1. 製作蛋黃麵糊

1. 把蛋黃、楓糖糖粉放入調理盆中，用打蛋器打到整體材料顏色偏白、呈現滑順濃稠狀為止。

2. 加入沙拉油仔細攪拌均勻。

3. 加入楓糖糖漿，攪拌混合（C）。

4. 把低筋麵粉篩入盆中，仔細攪拌均勻。蛋黃麵糊製作完成。

2. 製作蛋白霜

5. 打發蛋白等到稍微膨脹後，加入楓糖糖粉繼續打發，直到蛋白可以立起尖角。

❖加入楓糖糖粉後，打發的蛋白霜尖角會比較柔軟（D）。

3. 混合1與2

6. 撈取部份蛋白霜加入蛋黃麵糊中，用打蛋器畫圈攪拌。

7. 趁著還看得見白色部份時，分2次加入剩餘的蛋白霜，每次加入都快速大動作地攪拌。

8. 最後換用刮刀，並加入準備1的核桃，攪拌到整體材料均勻滑順沒有塊狀物為止（E）。

4. 倒入烤模中烘焙

9. 把麵糊倒入烤模中，取一枝長筷子插入烤模底畫5～6圈除去空氣，接著放到烤盤上，以180度烘烤。

10. 烘烤到表面成型後，用脫模刀劃出切口，接著繼續烘烤至指定時間結束。

11. 烤好後迅速從烤箱中取出，連同烤模一起翻轉倒扣，至少擺放2小時，直到蛋糕完全冷卻為止。

5. 脫模

12. 參照17～18頁，進行脫模。

[準備]

1. 核桃放入平底鍋中，用中火加熱30秒～1分鐘（B），稍微放涼後，切成較大的碎顆粒。

2. 烤箱以180度預熱。

❖ 楓糖糖粉（A）是一種利用楓糖糖漿精製而成的糖。
若無法購得，可用日本三溫糖（類似紅砂糖）代替。

A

B

C

D

E

chapter

4

和風戚風蛋糕

加入和風食材，讓戚風呈現舒適合諧的滋味。
搭配日本茶一起享用，推薦給每位喜歡和菓子的朋友。

焙茶戚風

入口瞬間，京都焙茶的香氣便緩緩綻開。
使烤好的蛋糕充滿明顯的香氣。
建議選用香氣濃郁的茶葉製作。

50

❖ 材料與烘烤時間（綠色部分是與「基本配方」不同的地方）

材料	17cm型	20cm型
蛋黃麵糊		
蛋黃（L）	3顆份	6顆份
砂糖	15g	30g
沙拉油	30ml（2大匙）	60ml
焙茶液		
焙茶茶葉	20g	40g
水	100ml	200ml
低筋麵粉	75g	150g
蛋白霜		
蛋白（L）	3顆份	6顆份
砂糖	50g	100g
烘烤時間（180度）	35分	45分

[準備]

1. 製作焙茶液。水加熱沸騰後放入茶葉，小火煮約10秒熄火（A）。

2. 蓋上鍋蓋放置3分鐘，17cm烤模取40ml備用，20cm烤模取80ml備用（B）。

❖用湯匙擠壓茶葉，瀝乾所有茶水，若茶水不夠的話，則加水添補。

3. 烤箱以180度預熱。

❖ 製 作 方 法

1. 製作蛋黃麵糊

1. 把蛋黃、砂糖放入調理盆中，用打蛋器打到整體材料顏色偏白、呈現滑順濃稠狀為止。

2. 加入沙拉油仔細攪拌均勻。

3. 接著加入準備2攪拌混合（C）。

4. 把低筋麵粉篩入盆中，仔細攪拌均勻（D）。蛋黃麵糊製作完成。

2. 製作蛋白霜

5. 打發蛋白等到稍微膨脹後，加入砂糖繼續打發，直到可以立起尖角。

3. 混合1與2

6. 撈取部份蛋白霜加入蛋黃麵糊中，用打蛋器畫圈攪拌。

7. 趁著還看得見白色部份時，分2次加入剩餘的蛋白霜，每次加入都快速大動作地攪拌。

8. 最後換用刮刀攪拌到整體材料均勻滑順，沒有塊狀物為止（E）。

4. 倒入烤模中烘焙

9. 把麵糊倒入烤模中，取一枝長筷子插入烤模底畫5～6圈除去空氣，以180度烘烤。

10. 烘烤到表面成型後，用脫模刀劃出切口，接著繼續烘烤至指定時間結束。

11. 烤好後迅速從烤箱中取出，連同烤模一起翻轉倒扣，至少擺放2小時，直到蛋糕完全冷卻為止。

5. 脫模

12. 參照17～18頁，進行脫模。

A

B

C

D

E

米粉白芝麻戚風

以100%的米粉取代麵粉烘烤而成的米粉白芝麻戚風，
剛烤好時非常柔軟，放到隔天會變得略為彈牙有嚼勁。
口味清淡樸素，飄著白芝麻的香氣。

❖ 材料與烘烤時間（綠色部分是與「基本配方」不同的地方）

材料	17cm型	20cm型
蛋黃麵糊		
蛋黃（L）	4顆份	7顆份
砂糖	20g	35g
沙拉油	30㎖（2大匙）	70㎖
水	20㎖（1⅓大匙）	35㎖
香草油	2～3滴	3～4滴
烘焙用米粉	85g	150g
炒過的白芝麻粒	1大匙	2大匙
蛋白霜		
蛋白（L）	4顆份	7顆份
砂糖	50g	90g
烘烤時間（180度）	35分	45分

［準備］

烤箱以180度預熱。

❖ 使用烘焙用的米粉(A)進行製作。
若使用傳統甜點用的米粉（日本
上新粉、糯米粉）製作，17cm烤
模用量為100g，20cm烤模用量為
175g。

❖ 製作方法

1. 製作蛋黃麵糊

1. 把蛋黃、砂糖放入調理盆中，用打
蛋器打到整體材料顏色偏白、呈現滑
順濃稠狀為止。

2. 加入沙拉油仔細攪拌均勻。接著加
入水、香草油，攪拌混合。

3. 把米粉倒入盆中，用打蛋器仔細攪
拌均勻（B）。
❖由於米粉不含麥麩不會結塊，所以不需
要過篩。

4. 加入白芝麻攪拌混合（C）。蛋黃麵
糊製作完成。

2. 製作蛋白霜

5. 打發蛋白等到稍微膨脹後，加入砂
糖繼續打發，直到蛋白可以立起尖角。

3. 混合1與2

6. 撈取部份蛋白霜加入蛋黃麵糊中，
用打蛋器畫圈攪拌。

7. 趁著還看得見白色部份時，分2次加
入剩餘的蛋白霜，每次加入都快速大
動作地攪拌材料（D）。

8. 最後換用刮刀攪拌到整體材料均勻
滑順，沒有塊狀物為止。

4. 倒入烤模中烘焙

9. 把麵糊倒入烤模中，取一枝長筷子
插入烤模底畫5～6圈除去空氣，接著
放到烤盤上，以180度烘烤。

10. 烘烤到表面成型後，用脫模刀劃出
切口，接著繼續烘烤至指定時間結束。

11. 烤好後迅速從烤箱中取出，連同烤
模一起翻轉倒扣，至少擺放2小時，直
到蛋糕完全冷卻為止。

5. 脫模

12. 參照17～18頁，進行脫模。

A

B

C

D

抹茶黃豆粉戚風

定番抹茶與大量黃豆粉,組合成雙重口味戚風,

小小的貪心,兩種口味一次滿足。

也可依照個人喜好將兩種口味作成大理石花紋。

❖ 材料與烘烤時間 (綠色部分是與「基本配方」不同的地方)

材料	17cm型	20cm型
蛋黃麵糊		
蛋黃（L）	4顆份	7顆份
砂糖	20g	35g
沙拉油	30mℓ（2大匙）	55mℓ
水	40mℓ	70mℓ
抹茶麵糊用		
低筋麵粉	30g	55g
抹茶粉	5g	9g
黃豆粉麵糊用		
低筋麵粉	20g	35g
黃豆粉	15g	26g
蛋白霜		
蛋白（L）	4顆份	7顆份
砂糖	50g	90g
烘烤時間（180度）	35分	45分

[準備]

1. 分別調和抹茶麵糊用的粉類，以及黃豆粉麵糊用的粉類，各自過篩備用。

2. 烤箱以180度預熱。

❖ 製 作 方 法

1. 製作蛋黃麵糊

1. 把蛋黃、砂糖放入調理盆中，用打蛋器打到整體材料顏色偏白、呈現滑順濃稠狀為止。

2. 加入沙拉油仔細攪拌均勻，接著加入水，攪拌混合。

3. 把步驟2的麵糊分成兩等分（17cm烤模各約85g，20cm烤模各約150g）。

4. 一半的麵糊，加入再次過篩的抹茶粉類，仔細攪拌均勻；另一半則加入再次過篩的黃豆粉類，同樣仔細攪拌均勻（A）。

2. 製作蛋白霜

5. 打發蛋白等到稍微膨脹後，加入砂糖繼續打發，直到蛋白可以立起尖角。

3. 混合1與2

6. 把蛋白霜分成兩份。其中一份的部份蛋白霜加入抹茶麵糊中攪拌。

7. 趁著還看得見白色部份時，再次加入剩餘的蛋白霜，每次加入都快速大動作地攪拌材料。

8. 最後換用刮刀，攪拌到整體材料均勻滑順沒有塊狀物為止。黃豆粉麵糊比照同樣的方式。

4. 倒入烤模中烘焙

9. 把黃豆粉麵糊倒入烤模中，輕輕抹平表面（C）。

10. 在上方倒入抹茶麵糊，一樣抹平表面（D）。以180度烘烤。
∴如果想做出大理石花紋，可將兩種麵糊一起大動作攪拌，直接倒入烤模中。

11. 烘烤到表面成型後，用脫模刀劃出切口，繼續烘烤至指定時間結束。

12. 烤好後迅速從烤箱中取出，連同烤模一起翻轉倒扣，至少擺放2小時，直到蛋糕完全冷卻為止。

5. 脫模

13. 參照17～18頁，進行脫模。

A

B

C

D

紅豆戚風

只要加入水煮紅豆，就能作出口感綿潤的和風戚風。
令人放鬆的柔和滋味，讓人每天都想吃上一口。
可以點綴一些甜鮮奶油，更添風味。

❖材料與烘烤時間（綠色部分是與「基本配方」不同的地方）

材料	17cm型	20cm型
蛋黃麵糊		
蛋黃（L）	3顆份	6顆份
砂糖	20g	40g
沙拉油	30mℓ（2大匙）	60mℓ
水煮紅豆（罐頭）	180g	360g
低筋麵粉	70g	140g
蛋白霜		
蛋白（L）	3顆份	6顆份
砂糖	40g	80g
烘烤時間（180度）	35分	45分
甜鮮奶油		
鮮奶油（液狀）	100mℓ	200mℓ
砂糖	1½大匙	3大匙

❖製 作 方 法

1. 製作蛋黃麵糊

1. 把蛋黃、砂糖放入調理盆中，用打蛋器打到整體材料顏色偏白、呈現滑順濃稠狀為止。

2. 加入沙拉油仔細攪拌均勻。

3. 加入水煮紅豆攪拌混合（A）。

4. 把低筋麵粉篩入盆中，仔細攪拌均勻。蛋黃麵糊製作完成（B）。

2. 製作蛋白霜

5. 打發蛋白等到稍微膨脹後，加入砂糖繼續打發，直到蛋白可以立起尖角。

3. 混合1與2

6. 撈取部份蛋白霜加入蛋黃麵糊中，用打蛋器畫圈攪拌。

7. 趁著還看得見白色部份時，分2次加入剩餘的蛋白霜，每次加入都快速大動作地攪拌。

8. 最後換用刮刀，攪拌到整體材料均勻滑順，沒有塊狀物為止（C）。

4. 倒入烤模中烘焙

9. 把麵糊倒入烤模中，取一枝長筷子插入烤模底畫5～6圈除去空氣，接著放到烤盤上，以180度烘烤。

10. 烘烤到表面成型後，用脫模刀劃出切口，繼續烘烤至指定時間結束。

11. 烤好後迅速從烤箱中取出，連同烤模一起翻轉倒扣，至少擺放2小時，直到蛋糕完全冷卻為止。

5. 脫模

12. 參照17～18頁，進行脫模。

6. 製作甜鮮奶油霜

13. 把鮮奶油加砂糖打到七分發泡（參照66頁），取適量放到蛋糕旁。

A

B

C

生薑戚風

巧妙運用生薑的香氣，做出爽口的戚風蛋糕。

品嚐時淋上卡士達醬，口味超搭。

這道戚風，很適合搭配鮮奶茶、拿鐵一起享用。

❖ **材料與烘烤時間**（綠色部分是與「基本配方」不同的地方）

材料	17cm型	20cm型
蛋黃麵糊		
蛋黃（L）	3顆份	3顆份
砂糖	20g	40g
沙拉油	30ml（2大匙）	60ml
生薑（磨泥）	20g	40g
水	20ml（1⅓大匙）	40ml
低筋麵粉	75g	150g
蛋白霜		
蛋白（L）	3顆份	6顆份
砂糖	40g	80g
烘烤時間（180度）	35分	45分
卡士達淋醬		
蛋黃（L）	2顆分	4顆分
砂糖	50g	100g
牛奶	140ml	280ml
香草豆莢	⅓根	½根

[準備]

1. 生薑去皮後磨成泥，量好重量備用。

2. 香草豆莢縱向切開，用刀背刮下香草種籽（參照37頁）。

3. 烤箱以180度預熱。

❖ **製作方法**

1.製作蛋黃麵糊

1. 把蛋黃、砂糖放入調理盆中，用打蛋器打到整體材料顏色偏白、呈現滑順濃稠狀為止。

2. 加入沙拉油仔細攪拌均勻。

3. 接著加入準備1的生薑、水，攪拌混合（A）。

4. 把低筋麵粉篩入盆中，仔細攪拌均勻。蛋黃麵糊製作完成。

2.製作蛋白霜

5. 打發蛋白等到稍微膨脹後，加入砂糖繼續打發，直到蛋白可以立起尖角。

3.混合1與2

6. 撈取部份蛋白霜加入蛋黃麵糊中，用打蛋器畫圈攪拌。

7. 趁著還看得見白色部份時，分2次加入剩餘的蛋白霜，每次加入都快速大動作地攪拌（B）。

8. 最後換用刮刀，攪拌到整體材料均勻滑順沒有塊狀物為止。

4.倒入烤模中烘焙

9. 把麵糊倒入烤模中，取一枝長筷子插入烤模底畫5～6圈除去空氣，接著以180度烘烤。

10. 表面成型後，用脫模刀劃出切口，繼續烘烤至指定時間結束。

11. 烤好後迅速從烤箱中取出，連同烤模一起翻轉倒扣，至少擺放2小時，直到蛋糕完全冷卻為止。

5.脫模

12. 參照17～18頁，進行脫模。

❖ 卡士達淋醬可冷藏保存約2天。

6.製作卡士達淋醬

13. 在盆中放入蛋黃，加入⅔的砂糖攪拌均勻備用。將剩下的砂糖、牛奶、準備2加熱，快沸騰時移開鍋子，逐次少量把鍋中材料倒入盆中攪拌混合（C）。

14. 將（C）放回鍋中，開小火加熱，並不停用木杓沿著底部攪拌，煮到材料變濃稠後關火（D）。

15. 用篩子過篩卡士達醬，放涼後淋在蛋糕上享用。

❖ 鍋底的卡士達醬可能會濃稠凝固，所以務必要過篩。

豆漿黑豆戚風

這道戚風蛋糕非常養生健康，能大量充分攝取大豆異黃酮。

蛋糕本身不會太甜，製作時須加入一些鹽提味。

用水煮黑豆取代蜜漬黑豆，更添清爽風味。

❖ 材料與烘烤時間（綠色部分是與「基本配方」不同的地方）

材料	17cm型	20cm型
蛋黃麵糊		
蛋黃（L）	3顆份	6顆份
砂糖	20g	40g
沙拉油	30㎖（2大匙）	60㎖
豆漿	50㎖	100㎖
鹽	½小匙	1小匙
低筋麵粉	75g	150g
蛋白霜		
蛋白（L）	3顆份	3顆份
砂糖	40g	80g
黑豆（乾燥）	20g	40g
烘烤時間（180度）	35分	45分

[準備]

1. 黑豆加入大量的水，浸泡一個晚上備用（A）。

2. 把準備1的黑豆加熱，煮到水分收乾後，再加水繼續熬煮30分鐘左右直到黑豆變軟（B）。

3. 烤箱以180度預熱。

✤ 也可以用市售的蜜黑豆取代，使用時要瀝乾水份。
若使用蜜黑豆，17cm烤模用量為50g，20cm烤模用量則為100g。

❖ 製作方法

1. 製作蛋黃麵糊

1. 把蛋黃、砂糖放入調理盆中，用打蛋器打到整體材料顏色偏白、呈現滑順濃稠狀為止。

2. 加入沙拉油仔細攪拌均勻。

3. 接著加入豆漿、鹽，攪拌（C）。

4. 把低筋麵粉篩入盆中，仔細攪拌均勻（D）。蛋黃麵糊製作完成。

2. 製作蛋白霜

5. 打發蛋白等到稍微膨脹後，加入砂糖繼續打發，直到蛋白可以立起尖角。

3. 混合1與2

6. 撈取部份蛋白霜加入蛋黃麵糊中，用打蛋器畫圈攪拌。

7. 趁著還看得見白色部份時，分2次加入剩餘的蛋白霜，每次加入都快速大動作地攪拌材料。

8. 最後換用刮刀攪拌到整體材料均勻滑順，沒有塊狀物為止。

9. 瀝乾準備2中黑豆的水分，加入盆中，大動作攪拌混合（E）。

4. 倒入烤模中烘焙

10. 把麵糊倒入烤模中，取一枝長筷子插入烤模底畫5～6圈除去空氣，接著放到烤盤上，以180度烘烤。

11. 烘烤到表面成型後，用脫模刀劃出切口，接著繼續烘烤至指定時間結束。

12. 烤好後迅速從烤箱中取出，連同烤模一起上下倒扣，至少擺放2小時，直到蛋糕完全冷卻為止。

5. 脫模

13. 參照17～18頁，進行脫模。

A

B

C

D

E

chapter
5
戚風蛋糕捲

利用戚風蛋糕作出造型討喜的蛋糕捲。
當鮮奶油的水氣完全滲入蛋糕時,就是品嚐的最佳時機。

原味戚風蛋糕捲的製作方法

蛋糕捲的水份會稍微多一點,但作法與「基本戚風蛋糕」相同。
首先就一起來學原味蛋糕捲的作法,並且熟悉捲蛋糕的手法吧!

❖ 材料與烘烤時間

材料(28×28cm烤盤1片份)
蛋黃麵糊
蛋黃(L)　　4顆份
砂糖　　20g
沙拉油　　30mℓ(2大匙)
水　　60mℓ
香草油　　2～3滴
低筋麵粉　　80g
蛋白霜
蛋白(L)　　4顆份
砂糖　　50g
烘烤時間(170度)　　20分
甜鮮奶油霜
鮮奶油(液狀)　　200mℓ
砂糖　　3大匙

❖ 基本製作方法

1. 製作麵糊

　↓

2. 烘烤蛋糕與冷卻

　↓

3. 製作甜鮮奶油霜

　↓

4. 塗上鮮奶油,捲蛋糕

關於烤盤

本書使用的是蛋糕捲專用的烤盤,
尺寸為28×28cm。大小差不多的
話,就可以直接使用。

蛋糕捲製作方法

[準備] 烤箱以170度預熱。

準備‧在烤盤上鋪好烤盤紙

這個步驟最重要的就是，邊角都要確實地貼合烤盤紙。
使用油蠟紙取代亦可。

1. 將寬度30㎝的烤盤紙，剪
   成32㎝長，共2張。烤盤上
   刷沙拉油後鋪上烤盤紙，再次
   於烤盤紙上刷滿沙拉油。
   ✤ 若是烤盤紙的寬度不夠，其中一
   邊的側面，（★）處可以不鋪。

2. 把第二張烤盤紙沿著沒鋪
   到的那一側（★）鋪好。

在烤盤紙的角落剪出切
口，可以更貼合烤盤，
並避免邊角翹起。

1. 製作蛋黃麵糊

利用與「基本戚風蛋糕」相同的方
法製作麵糊，接著快速地鋪平在烤
盤上。

1. 參照10～15頁，製作麵糊
   倒入烤盤中。

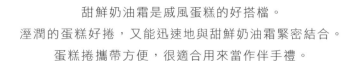

甜鮮奶油霜是戚風蛋糕的好搭檔。

溼潤的蛋糕好捲，又能迅速地與甜鮮奶油霜緊密結合。

蛋糕捲攜帶方便，很適合用來當作伴手禮。

2. 烘烤蛋糕

烤好的蛋糕一樣要上下倒扣放涼。

可在表面放上涼架、砧板後再進行倒扣。

2. 利用刮板或是橡皮刮刀，把麵糊表面刮平。

1. 放入170度烤箱中烘烤20分鐘。烤好後立刻在表面鋪上一層烤盤紙。

2. 蛋糕上面放上涼架（或網子），連同烤盤一起上下倒扣，取下烤盤，至少放置1小時，直到蛋糕完全冷卻。

照片為刮平後的狀態。過度刮抹反而容易產生孔洞喔！

由於水份較多，為了避免蛋糕塌陷，翻面後務必馬上取下烤盤。

3. 製作甜鮮奶油霜

打發鮮奶油時，一定要隔盆冰鎮，一邊進行作業。
因為溫度上升的話，鮮奶油的口感就會不好。

1. 倒入鮮奶油、砂糖，用電動攪拌器打發。

2. 打發六分的狀態。鮮奶油會不斷地滑落，且會在盆中短暫留下痕跡。

3. 打發至七分的狀態。鮮奶油會大塊大塊地掉落，在盆中留下痕跡，此狀態最適合拿來塗抹蛋糕。若是鮮奶油囤積在打蛋器上不易掉落，就表示已經打發至八分了。

鮮奶油變濃稠後（如照片），改用打蛋器，一邊觀察狀態，一邊繼續打發。

4. 塗上鮮奶油，捲起蛋糕

蛋糕捲末端的鮮奶油要塗薄一點，避免捲起時鮮奶油溢出。
捲好後，用筷子和烤盤紙把蛋糕捲得更密實，接著放入冰箱冷藏就完成了。

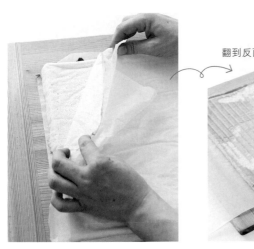

翻到反面

1. 撕去戚風蛋糕上的烤盤紙（原先鋪在烤盤上的）。

2. 取一張新的烤盤紙，將蛋糕放在烤盤紙上。撕去另一面的烤盤紙。沿著末端斜切掉1條蛋糕邊。

3. 蛋糕切邊的那一側離自己最遠。用抹刀或是刮刀，將鮮奶油塗抹在蛋糕上，離自己近的地方抹厚一點，另一側則抹薄一點。

這一面捲起後是在蛋糕捲的內側，所以撕烤盤紙時稍微傷到蛋糕也沒關係。

4. 小心不要讓蛋糕中間出現
縫隙，小幅地捲起蛋糕。

5. 捲好以後，用筷子壓住上
方的烤盤紙，一邊拉下方
的紙讓蛋糕捲更密實。

6. 拿開筷子，從兩側扭轉烤
盤紙。外層再裹上保鮮
膜，放入冰箱冷藏2小時以上。

Point

把烤盤紙當作壽司捲簾
來用。

分切蛋糕時

Point

把蛋糕刀浸泡在熱開水中，提高刀體溫度後，
拭去水氣。切的時候輕輕前後移動刀子，避免
壓壞蛋糕。

每切一次都把刀子擦乾
淨，才能使蛋糕的外觀乾
淨漂亮。

用基本蛋糕捲
做出簡單的變化

原味蛋糕和任何一種水果、鮮奶油都能搭配得很好。
在此為您呈現水果蛋糕捲的作法。

水果戚風蛋糕捲

添加新鮮水果，把蛋糕捲的外觀、滋味妝點得華麗可口。
依照喜好搭配不同水果，做出屬於您的原創蛋糕捲吧！
排列時，不同水果間要留下縫隙，才能捲出美麗的蛋糕捲。

[準備] 烤箱以170度預熱。

> > > 製作重點
1.參照「原味戚風蛋糕捲」63～66頁，製作蛋糕與甜鮮奶油。

2.把甜鮮奶油塗到蛋糕上，放上一口大小的水果（若選用芒果的話，要加入少許砂糖與檸檬汁(A)，放置5分鐘左右後擦乾），總共排成3列(B)。

3.把離自己近的一側當作蛋糕捲蕊心，參照「蛋糕捲製作方法」64～68頁，捲起蛋糕(B)。

✤用罐頭水果也OK。但鳳梨之類纖維比較硬的水果，分切不易較不適合放在蛋糕捲裡。

黑白戚風蛋糕捲

麵糊中加入大量的可可粉，烤出微苦的黑蛋糕。
塗上加了煉乳的鮮奶油霜，捲成蛋糕捲。
黑與白的對比，更添視覺上的樂趣。

❖ 材料與烘烤時間

（橘色部分是與「基本配方」不同的地方）

材料（28×28cm烤盤1片份）
蛋黃麵糊
蛋黃（L）　5顆份
砂糖　20g
沙拉油　30ml（2大匙）
水　60ml
低筋麵粉　50g
可可粉　20g
蛋白霜
蛋白（L）　5顆份
砂糖　50g
烘烤時間（170度）　20分
煉乳鮮奶油霜
鮮奶油（液狀）　300ml
含糖煉乳　120g

［準備］

1. 調和低筋麵粉與可可粉，過篩備用。

2. 烤盤鋪上烤盤紙。

3. 烤箱以170度預熱。

❖ 製作方法

1. 製作麵糊

1. 製作蛋黃麵糊。把蛋黃、砂糖放入調理盆中，用打蛋器打發。

2. 加入沙拉油、水，攪拌混合。

3. 把準備1再次過篩（A）仔細攪拌均勻。蛋黃麵糊製作完成。

4. 打發蛋白等到稍微膨脹後，加入砂糖繼續打發，直到蛋白可以立起尖角。

5. 分3次把蛋白霜加入蛋黃麵糊中，每次加入都快速大動作地攪拌。最後換用刮刀攪拌到整體材料均勻滑順，沒有塊狀物為止。

2. 烘烤蛋糕，放涼備用

6. 把麵糊倒入烤盤中刮平表面(B)，烘烤20分鐘。烤好後上下翻轉蛋糕，取下烤盤，放到蛋糕完全冷卻為止。

3. 製作煉乳鮮奶油霜

7. 放入鮮奶油與含糖煉乳（C），隔盆冰敷，打至八分發泡（參照66頁）。

4. 塗上奶油霜，捲出蛋糕捲

8. 撕去蛋糕上的烤盤紙，沿著末端斜切掉1條蛋糕。把蛋糕放在新的烤盤紙上，取步驟7的鮮奶油霜，大量塗抹，靠自己近的這一端⅓處可以塗多一點（D）。

9. 把烤盤紙當作壽司捲簾使用，包裹大量鮮奶油將蛋糕捲起(E)。

10. 扭轉兩側烤盤紙，外層裹上保鮮膜後，冷藏2小時以上。

雙重莓舞起司戚風蛋糕捲

使用覆盆子果泥,烤出淺粉紅色的蛋糕。
與莓果口味極搭的起司奶油霜中,一樣放入大量草莓果泥,
帶出酸酸甜甜的好滋味。

❖ 材料與烘烤時間

（橘色部分是與「基本配方」不同的地方）

材料（28×28cm烤盤1片份）
蛋黃麵糊
蛋黃（L）　2顆份
砂糖　20g
沙拉油　30㎖（2大匙）
覆盆子果泥（冷凍）　65㎖
檸檬汁　1小匙
低筋麵粉　80g
蛋白霜
蛋白（L）　4顆份
砂糖　50g
烘烤時間（170度）　20分
起司奶油霜
奶油起司（Cream Cheese）80g
鮮奶油（液狀）　100㎖
砂糖　30g
草莓果泥（冷凍）
（或者是覆盆子果泥）　50㎖
草莓粉　少許

❖ 製作方法

1. 製作麵糊

1. 製作蛋黃麵糊。把蛋黃、砂糖放入調理盆中，用打蛋器打發。

2. 加入沙拉油、準備1的覆盆子果泥，攪拌混合（A）。

3. 把低筋麵粉篩入盆中，用打蛋器仔細攪拌均勻。

4. 打發蛋白等到稍微膨脹後，加入砂糖繼續打發，直到蛋白可以立起尖角。

5. 分3次把蛋白霜加入蛋黃麵糊中，每次都快速大動作地攪拌（B）。最後換用刮刀攪拌到整體材料均勻滑順，沒有塊狀物為止。

2. 烘烤蛋糕，放涼備用

6. 刮平烤盤中的麵糊（C），放入烤箱烘烤20分鐘。烤好後上下翻轉蛋糕，取下烤盤，放到完全冷卻為止。

[準備]

1. 覆盆子果泥、草莓果泥自然解凍。將麵糊用的覆盆子果泥和檸檬汁混合攪拌備用。

2. 烤盤鋪上烤盤紙。

3. 烤箱以170度預熱。

❖ 草莓果泥烘烤後顏色會變淡，所以麵糊中一定要再加入覆盆子果泥。

3. 製作起司奶油霜

7. 奶油起司用保鮮膜包起來，以小火（200W）微波加熱1～2分鐘，放入調理盆中攪拌，接著加入草莓果泥繼續攪拌混合（D）。

8. 取另一個調理盆，放入鮮奶油與砂糖，打至七分發泡（參照66頁），倒入7中攪拌均勻。

4. 塗上奶油霜，捲出蛋糕捲

9. 撕去步驟6上的烤盤紙，沿著末端斜切掉一條蛋糕邊。將蛋糕放在新的烤盤紙上，塗抹步驟8的鮮奶油霜（E）。

10. 把烤盤紙當作壽司捲簾使用，捲出蛋糕捲。

11. 從兩側扭轉烤盤紙，外層再裹上保鮮膜，冷藏2小時以上。

12. 品嚐前灑上適量的草莓粉裝飾。

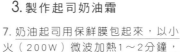

巧克力甘納許&可可戚風蛋糕捲

巧克力控絕對難以抵擋，一次吃到兩種巧克力的誘惑！
麵糊中加入可可粉，烘烤出可可蛋糕。
宛如聖誕樹樹幹的外觀裝飾，讓蛋糕看起來更加可口美味。

❖ 材料與烘烤時間

（橘色部分是與「基本配方」不同的地方）

材料（28×28cm烤盤1片份）
蛋黃麵糊
蛋黃（L）　4顆份
砂糖　20g
沙拉油　30㎖（2大匙）
水　60㎖
低筋麵粉　50g
可可粉　20g
蛋白霜
蛋白（L）　4顆份
砂糖　50g
烘烤時間（170度）　　20分
甘納許奶油霜
鮮奶油（液狀）　400㎖
甜巧克力　160g

［準備］

1. 調和低筋麵粉與可可粉，過篩備用。

2. 甜巧克力切碎備用。

3. 烤盤鋪上烤盤紙。

4. 烤箱以170度預熱。

❖ 製作方法

1. 製作麵糊

1. 製作蛋黃麵糊。把蛋黃、砂糖放入調理盆中，用打蛋器打發。

2. 加入沙拉油、水，攪拌混合。

3. 把準備1再次過篩，加入盆中仔細攪拌均勻。

4. 打發蛋白等到稍微膨脹後，加入砂糖繼續打發，直到蛋白可以立起尖角。

5. 分3次把蛋白霜加入蛋黃麵糊中，每次都快速大動作地攪拌。最後換用刮刀攪拌到整體材料均勻滑順，沒有塊狀物為止。

2. 烘烤蛋糕，放涼備用

6. 把麵糊倒入烤盤中刮平表面(A)，放入170度烤箱中，烘烤20分鐘。烤好後上下翻轉蛋糕，取下烤盤，放置到蛋糕完全冷卻為止。

3. 製作甘納許奶油霜

7. 取一半的鮮奶油加熱到快沸騰。放入準備2(B)，放置1分鐘，用耐熱刮刀攪拌融化，接著把全部材料移入調理盆中。

8. 將剩餘的鮮奶油隔盆冰敷，打至七分發泡（參照66頁）（C）。

4. 塗上奶油霜，捲出蛋糕捲

9. 撕去步驟6的烤盤紙，沿著末端斜切掉1條蛋糕邊。蛋糕放在新的烤盤紙上，塗抹一半步驟8的鮮奶油。

10. 把烤盤紙當作壽司捲簾來使用，捲出蛋糕捲（D）。

11. 把剩下的鮮奶油塗抹在步驟10蛋糕的表面（E），放入冰箱冷藏30分鐘以上。

A

B

C

D

E

抹茶&栗子戚風蛋糕捲

口感細膩，宛如在品嚐精緻的和菓子。

大量栗子泥揉合鮮奶油霜，與抹茶的香氣形成絕佳搭配。

也可以把栗子奶油改成甜鮮奶油、開心果奶油霜，變化更多搭配。

❖ 材料與烘烤時間

（橘色部分是與「基本配方」不同的地方）

材料（28×28cm烤盤1片份）
蛋黃麵糊
蛋黃（L）　4顆份
砂糖　20g
沙拉油　30mℓ（2大匙）
水　60mℓ
低筋麵粉　60g
抹茶粉　10g
蛋白霜
蛋白（L）　4顆份
砂糖　50g
烘烤時間（170度）　20分
栗子奶油霜
栗子泥　75g
砂糖　3大匙
鮮奶油（液狀）　200mℓ

［準備］

1. 烤盤鋪上烤盤紙。

2. 烤箱以170度預熱。

— 活用 —
抹茶&開心果
戚風蛋糕捲

製作方法與抹茶&栗子戚風蛋糕捲相同，把栗子泥換成開心果泥即可。濃郁的堅果風味與抹茶的搭配度好得超乎想像！

開心果奶油霜
開心果泥　75g
砂糖　4½大匙
鮮奶油（液狀）　200mℓ

❖ 有些市售的開心果泥（D）本身就含糖，若使用含糖食材，請將砂糖減少為3大匙。

❖ 製作方法

1. 製作麵糊

1. 製作蛋黃麵糊。把蛋黃、砂糖放入調理盆中，用打蛋器打發。

2. 加入沙拉油、水，攪拌混合。

3. 把低筋麵粉與抹茶粉過篩加入攪拌均勻。蛋黃麵糊製作完成。

4. 打發蛋白等到稍微膨脹後，加入砂糖繼續打發，直到蛋白可以立起尖角。

5. 分3次把蛋白霜加入蛋黃麵糊中，每次都快速大動作地攪拌。最後換用刮刀攪拌到整體材料均勻滑順，沒有塊狀物為止。

2. 烘烤蛋糕，放涼備用

6. 麵糊倒入烤盤刮平表面（A），放入170度烤箱中，烘烤20分鐘。烤好後上下翻轉蛋糕，取下烤盤，放到蛋糕完全冷卻為止。

3. 製作和風栗子奶油霜

7. 將栗子泥、砂糖、¼量的鮮奶油，攪拌混合（B）。

8. 取另一個調理盆，倒入剩下的鮮奶油，打至七分發泡（參照66頁）。接著分2～3次加入步驟7的盆中，攪拌混合。

4. 塗上奶油霜，捲出蛋糕捲

9. 撕去步驟6的烤盤紙，沿著末端斜切掉一條蛋糕邊。蛋糕放在新的烤盤紙上，塗上步驟8的鮮奶油。

10. 把烤盤紙當作壽司捲簾來使用，捲出蛋糕捲（C）。

11. 從兩側扭轉烤盤紙，外層再裹上保鮮膜後冷藏2小時以上。

A

B

C

D

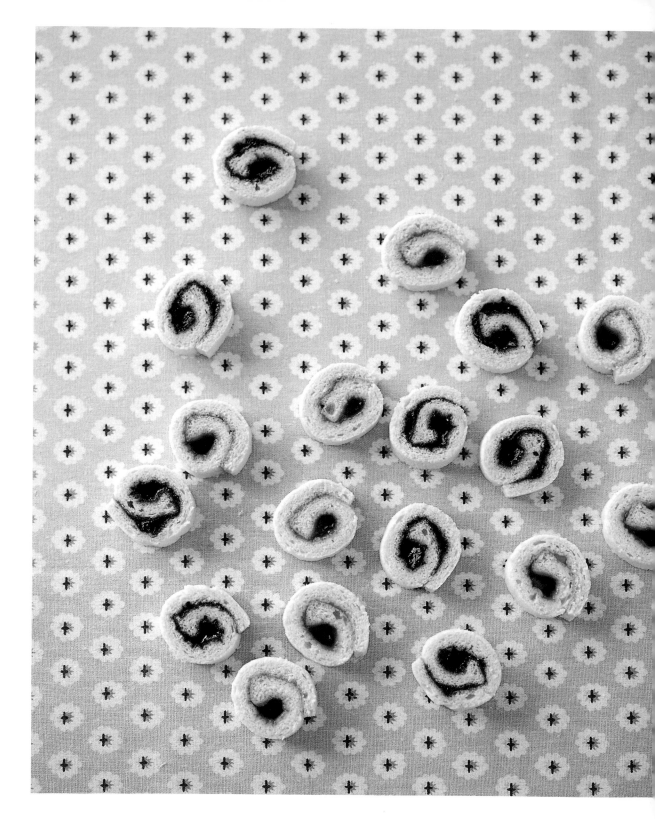

果醬戚風蛋糕捲

將薄薄的蛋糕對切，用細長的蛋糕捲成一個個小圈圈。

不必花時間製作甜鮮奶油，只要塗上喜歡的果醬，捲起來就完成了。

一口大小，簡單不做作的小點心立刻上桌。

❖ 材料與烘烤時間

（橘色部分是與「基本配方」不同的地方）

材料（28×28cm烤盤1片份）
蛋黃麵糊
蛋黃（L）　2顆份
砂糖　10g
沙拉油　15㎖（1大匙）
水　30㎖（2大匙）
香草油　1～2滴
低筋麵粉　40g
蛋白霜
蛋白（L）　2顆份
砂糖　25g
烘烤時間（170度）　15分
喜歡的果醬2種　各50g

[準備]

1. 烤盤鋪上烤盤紙。

2. 烤箱以170度預熱。

✣ 在此使用的是藍莓與杏桃果醬。

❖ 製作方法

1. 製作麵糊

1. 製作蛋黃麵糊。把蛋黃、砂糖放入調理盆中，用打蛋器打發。

2. 加入沙拉油、水，攪拌混合。

3. 把低筋麵粉篩入盆中，仔細攪拌均勻。蛋黃麵糊製作完成。

4. 打發蛋白等到稍微膨脹後，加入砂糖繼續打發，直到蛋白可以立起尖角。

5. 分3次把蛋白霜加入蛋黃麵糊中，每次都快速大動作地攪拌。最後換用刮刀，攪拌到整體材料均勻滑順，沒有塊狀物為止。

2. 烘烤蛋糕，放涼備用

6. 把麵糊倒入烤盤中刮平表面（A），放入烤箱中，烘烤15分鐘。烤好後上下翻轉蛋糕，取下烤盤，放到蛋糕完全冷卻為止。

4. 塗上奶油霜，捲出蛋糕捲

7. 撕去步驟6蛋糕上的烤盤紙，把蛋糕切成兩等分（B）。兩片蛋糕各自放到新的烤盤紙上，並塗上果醬（C）。

8. 把烤盤紙當作壽司捲簾使用，捲出蛋糕捲（D）。

9. 從兩側扭轉烤盤紙，外層再裹上保鮮膜後，冷藏30分鐘以上。

A

B

C

D

シフォンケーキとシフォンロール

Copyright © Kaori Ishibashi 2010

Original Japanese edition published by
SHUFUNOTOMO CO., LTD.

Complex Chinese translation rights arranged with
SHUFUNOTOMO CO., LTD.

through LEE's Literary Agency, Taiwan

Complex Chinese translation rights © 2014 by
Bafun Publishing Co., Ltd.

國家圖書館出版品預行編目（CIP）資料

輕軟Q潤戚風蛋糕＆蛋糕捲／石橋香 著；
-- 初版. -- 臺北市：笛藤，103.04
面；公分
ISBN 978-957-710-629-2（平裝）
1. 點心食譜
427.16 　　　　　　103006645

新手也能烤出的專屬美味！

輕軟Q潤戚風蛋糕＆蛋糕捲　　　　定價260元

103年5月20日 初版第一刷

著　　者：石橋香

總 編 輯：賴巧凌

編　　輯：洪儀庭

譯　　者：羅怡蘋

發 行 所：笛藤出版圖書有限公司

發 行 人：林建仲

地　　址：台北市萬華區中華路一段104號5樓

電　　話：(02)2388-7636

傳　　真：(02)2388-7639

總 經 銷：聯合發行股份有限公司

地　　址：新北市新店區寶橋路235巷6弄6號2樓

電　　話：(02)2917-8022・(02)2917-8042

製 版 廠：造極彩色印刷製版股份有限公司

地　　址：新北市中和區中山路2段340巷36號

電　　話：(02)2240-0333・(02)2248-3904

訂書郵撥帳戶：八方出版股份有限公司

訂書郵撥帳號：1980905-0

● 本書經合法授權，請勿翻印 ●

（本書裝訂如有漏印、缺頁、破損，請寄回更換。）